Rao Birendra Singh

Qualidade do leite nos subúrbios de Mumbai - Palghar, Maharashtra

Rao Birendra Singh

Qualidade do leite nos subúrbios de Mumbai - Palghar, Maharashtra

ScienciaScripts

Imprint
Any brand names and product names mentioned in this book are subject to trademark, brand or patent protection and are trademarks or registered trademarks of their respective holders. The use of brand names, product names, common names, trade names, product descriptions etc. even without a particular marking in this work is in no way to be construed to mean that such names may be regarded as unrestricted in respect of trademark and brand protection legislation and could thus be used by anyone.

Cover image: www.ingimage.com

This book is a translation from the original published under ISBN 978-3-330-03057-2.

Publisher:
Sciencia Scripts
is a trademark of
Dodo Books Indian Ocean Ltd. and OmniScriptum S.R.L publishing group

120 High Road, East Finchley, London, N2 9ED, United Kingdom
Str. Armeneasca 28/1, office 1, Chisinau MD-2012, Republic of Moldova, Europe
Printed at: see last page
ISBN: 978-620-6-39882-0

1. AGRADECIMENTOS

Este estudo foi financiado pela University Grants Commission, Nova Deli, Governo da Índia.

Estou em dívida para com o Dr. (Mrs) A A Sherikar, Prof. de Microbiologia / Virologia, e o Dr. A T Sherikar, Prof. de Higiene Alimentar e Saúde Pública, Bombay Veterinary College, Parel, pela ajuda na confirmação dos isolados, encorajamento, apoio moral e conhecimentos especializados sem limites ao longo deste trabalho.

Aprecio muito a discussão e os conhecimentos recebidos do Dr. B P Patil (Agrónomo), responsável pela Estação de Investigação Agrícola, Palghar, do Dr. Itewad, do Dr. Desai da fábrica de lacticínios do Governo de Palghar e do Dr. Mahipal Singh Yadav, Cientista, CS IR, Estação de Palampur (H P).

Agradeço aos meus candidatos de doutoramento Anuja, Swapnil, Ravi, Pooja e Suprit do departamento de Zoologia, S.D.S.M. College, Palghar, pela ajuda na preparação, dactilografia e leitura de provas deste manuscrito.

Num país densamente povoado como a Índia, uma economia em desenvolvimento, a segurança alimentar (segurança nutricional) da nossa população é um grande desafio. Desde a independência, foram alcançados progressos no domínio da agricultura, que permitiram a autossuficiência na produção de cereais. O sector dos lacticínios também se desenvolveu, tendo a produção de leite passado de 26 para 48 milhões de toneladas, e o sector das aves de capoeira decuplicou, passando de 180 para 1800 milhões por ano durante o período de 1950 a 1989. No entanto, o aumento substancial dos dois produtos proteicos essenciais por parte das duas indústrias não foi capaz de satisfazer a procura sempre crescente. Nenhum outro alimento natural satisfaz melhor as necessidades nutricionais do homem do que o leite e, por conseguinte, o leite é um componente essencial da dieta humana. No entanto, centenas de espécies de microrganismos têm necessidades nutricionais semelhantes às do homem e, por isso, o leite é um excelente meio para o seu crescimento (Singh, 1994). No momento em que é retirado do úbere de um animal saudável, o leite contém organismos que entraram no canal de tratamento através da abertura da teta. Eles são expelidos mecanicamente durante a ordenha. O número presente no momento da ordenha tem sido relatado como variando entre várias centenas e vários milhares/ml. Desde o momento em que o leite sai do úbere até ser distribuído em recipientes, tudo com que entra em contacto é uma fonte potencial de mais microrganismos. Isto inclui o ar no ambiente, os equipamentos de ordenha e o pessoal. No entanto, a ordenha realizada em condições higiénicas, com atenção rigorosa às práticas sanitárias, resultará num produto com baixo teor bacteriano e boa qualidade de conservação (Michael et. al. 1986).

Nos últimos anos, o leite tem estado envolvido em cada vez menos surtos de doenças, ao ponto de as agências públicas e reguladoras já não considerarem o leite uma fonte primária de doenças transmitidas por alimentos. O leite e os produtos lácteos podem agora ser considerados alimentos-modelo do ponto de vista da regulamentação e vigilância da produção, processamento e distribuição. Atualmente, a garantia de qualidade do leite está a receber uma atenção significativa devido aos potenciais riscos envolvidos. Organizações internacionais como a FAD e a OMS têm demonstrado ultimamente um grande interesse no domínio da higiene do leite. A produção, o manuseamento e a comercialização do leite devem basear-se em princípios higiénicos simples, sendo essencial o controlo regular da qualidade do leite e dos produtos lácteos (Singh, 1994). No momento em que o Governo da Índia não só está a encaminhar-se para a liberalização do comércio, mas também o mundo no seu conjunto está a procurar reduzir as barreiras comerciais, de modo a que deixe de existir controlo das importações. Com o crescimento económico no ambiente liberalizado, a procura de alimentos de origem animal tende a aumentar. Isto aumentaria o rendimento rural e reforçaria o potencial de emprego no sector agrícola. No entanto, estes objectivos também requerem melhorias na qualidade dos produtos, redução dos custos de produção, aumento da estabilidade da produção e minimização do impacto ambiental adverso no produto final consumido.

Por conseguinte, é essencial manter padrões higiénicos uniformes de elevada ordem em todos os alimentos, especialmente os provenientes de animais. Os géneros alimentícios de origem animal, como a carne e os produtos à base de carne, o leite e os produtos lácteos, têm de ser produzidos em grande escala, a grande distância dos centros de consumo metropolitanos. Têm de ser transportados do centro de produção para o local de consumo. Por conseguinte, a sua transformação, manipulação e distribuição requerem normas de higiene rigorosas, caso contrário, não só se verificam perdas económicas, como também podem afetar negativamente a saúde dos consumidores (Bhatia, 1994). Uma variedade de doenças é potencialmente transmissível através do leite. A fonte de um agente patogénico que ocorre no leite pode ser a vaca/búfala ou o ser humano, e pode ser transmitido a ambos. Os seguintes modos de transmissão são possíveis.

(1) Agente patogénico do leite de vaca/búfala infetado - humano ou de vaca, por exemplo, tuberculose, brucelose, mastite.

(2) Agente patogénico do ser humano (infetado ou portador) - leite - ser humano, por exemplo, febre tifoide, difteria, disenteria, escarlatina.

Também é possível que o ser humano infecte vacas/búfalos. Nalguns casos, o organismo infetante foi rastreado até ao ser humano.

O leite é um excelente meio bacteriológico. O leite gordo fresco contém proteínas (caseína), hidratos de carbono (lactose) e gordura. Todas estas substâncias podem ser degradadas enzimaticamente por microrganismos. Se a degradação destes substratos for extensa, a acumulação de produtos finais irá conferir características indesejáveis ao leite. Alguns microrganismos podem sintetizar compostos como pigmentos e limos que também conferem características indesejáveis ao leite (Michael et. al. 1986).

Nikitin e Popov (1968) e Hassan e Badran (1986) estudaram a melhoria da qualidade higiénica do leite e descobriram que o leite estava mais contaminado após a ordenha mecânica do que após a ordenha manual. Rahman (1974), Davis (1977), Karim e Kachani (1978), e Mladenov et. al (1974), estudaram a qualidade bacteriológica do leite recolhido de diferentes fontes dos seus países de origem e observaram uma elevada incidência de Cocos (StaphyloCocci, StreptoCocci e MicroCocci) em comparação com os coliformes. A conclusão de Coman et. al (1979), que estudou as fontes de contaminação microbiana do leite de vaca, foi semelhante. Nakae er. al (1976) estudou a distribuição fúngica no leite e relatou conts de placa fúngica 6,0 K 10/3 ml. e as espécies mais comuns foram Aspergillus, Penicillin, Fusarium e Mucor.

A qualidade bacteriológica do leite foi estudada por Thekdi e Lakani (1973), Pandey e Mandal (1980), Pandey e Sharma (1979) e Mishra e Kuila (1989) e observaram que, quer o leite fosse pasteurizado ou cru, cerca de 14,7% das amostras eram de muito má qualidade, 74% eram de qualidade razoável e apenas 11,6% das amostras eram de qualidade consumível. Mishra et. el (1978) analisaram 40 amostras de leite cru do sistema de abastecimento de leite de Patna e observaram a elevada incidência de coliformes. Palanniswami e Venugopalan (1988) fizeram uma observação semelhante e foram de opinião que a melhoria do ambiente e das práticas de higiene na exploração é necessária para melhorar o padrão higiénico do leite cru. Lavania (1969) classificou as fontes de leite com base no SPC.

Apesar do interesse gerado pelas possibilidades de propagação de doenças bacterianas através do leite cru, muito pouco trabalho foi feito sobre este assunto e apenas em algumas metrópoles. Este pequeno projeto de investigação é apenas um começo nessa direção na zona rural dominada pelas tribos, que surgiu em outubro de 1993, por um período de dois anos. Foi proposto estudar os micróbios patogénicos e o TVC do leite de diferentes fontes vendido aos consumidores em Palghar.

2. MATERIAIS E MÉTODOS

ÁREA DE ESTUDO (Histórico)

Há treze Talukas no distrito de Thane, Palghar Taluka é um dos 13 Talukas do distrito de Thane. Thane, o distrito mais setentrional de Konkan, situa-se junto ao mar Arábico, no noroeste do Estado de Maharashtra. Estende-se entre 18 42 e 20 20 de latitude norte e 72 45 e 73 45 de longitude leste. Em 1817, o distrito de Thane fazia parte do distrito do Konkan Norte. Desde então, sofreu alterações consideráveis nos seus limites e tornou-se um distrito independente em 1869.

Palghar Taluka é delimitada a norte por Dahanu, a leste e a sudeste por Jawahar e Wada. Vasai situa-se na parte sul e os limites orientais são contíguos ao Mar Arábico. (Mapa 1)

Embora existam dois rios principais, Vaithama e Ulhas, no distrito de Thane, Palghar obtém água potável do rio Surya, um dos afluentes do Vaitama. Ao longo do ano, Palghar caracteriza-se por uma elevada humidade, uma estação estival opressiva e uma precipitação abundante e bem distribuída durante a estação das monções do sudoeste. Ao longo de toda a costa, o solo negro com areia é adequado para a horticultura, o cultivo de arroz e a cultura de legumes. De acordo com o recenseamento de 1981, Palghar Taluka ocupa a 6ª posição, com uma população de 264065 habitantes. Existem 226 aldeias habitadas em Palghar Taluka. A cidade de Palghar tem uma população de 12481 habitantes. Mas, de acordo com o recenseamento de 1991, a população de Palghar Taluka aumentou para 335073 e a da cidade de Palghar para 14700 (comentário pessoal - relatório não publicado).

O desenvolvimento do sector leiteiro tem grandes potencialidades para oferecer uma solução para o problema do desemprego e para aumentar o nível de rendimento e de nutrição das comunidades agrícolas e tribais. O objetivo do regime de desenvolvimento do sector leiteiro consiste em desenvolver a indústria leiteira numa base organizada e científica em determinadas cidades e aldeias. No entanto, não se registaram progressos adequados no que respeita ao desenvolvimento do sector leiteiro. Durante o plano Hird, os efectivos leiteiros de Palghar e Depohari foram mantidos e foram tomadas medidas para o fornecimento regular de leite. Para além do fornecimento de leite à cidade de Bombaim (atualmente Mumbai), que fica a cerca de 100 km, o principal objetivo do projeto de lacticínios era o desenvolvimento da indústria leiteira como meio de subsistência nas zonas circundantes do projeto para a elevação da população *adivasi*.

POSIÇÃO DO FORNECIMENTO DE LEITE

A cidade de Palghar ocupa uma posição de destaque devido à sua ligação rodoviária e ferroviária com as principais cidades comerciais e históricas, incluindo Bombaim (Mumbai). Devido a esta posição estratégica, o abastecimento de leite é assegurado não só pelas fábricas de lacticínios locais de Palghar e pelas pequenas aldeias das imediações, como Alyali, Dhansar, BIDCO, Vagulsar, Dapoli, Kamara, Umroli, Sirgaon, Mahim, Safale, Nandora, Bordi, mas também do Estado vizinho de Gujarat - basicamente de Umargaon. Para além disso, são também introduzidas embalagens de leite com as marcas Vikas e Mahananda. Governo. A exploração leiteira situada na estrada de Boisar é um dos maiores fornecedores de leite de vaca a uma taxa nominal para as fábricas de lacticínios organizadas de Palghar e também para os clientes diários (fotografias 1 a 12).

RECOLHA DE AMOSTRAS DE LEITE

As amostras de leite cru foram recolhidas em quase todas as explorações leiteiras organizadas, vendedores e algumas casas, em frascos de vidro esterilizados com tampa de rosca (cerca de 100 ml) e etiquetados. Desta forma, foram recolhidas 63 amostras de leite cru. As amostras foram imediatamente levadas para o departamento de Zoologia, S D S M College, Palghar, para análise microbiológica em câmara esterilizada.

TRATAMENTO DE AMOSTRAS DE LEITE CRU PARA DETECÇÃO DE MICRÓBIOS

O material de vidro utilizado durante o processamento era da marca Borosil e estava esterilizado. Todos os produtos químicos e corantes utilizados eram de qualidade anular (marcas BDH e Loba) e os meios de cultura eram da Hi-Media. Foram também utilizadas placas de Petri de Hi-Media na base experimental. O processamento das amostras foi efectuado numa câmara estéril e foi tomado o devido cuidado com o número de código. Os organismos foram obtidos por contagem diferencial das amostras de leite cru. Os meios utilizados foram os seguintes: Selenito cistina, MacConkey, ágar bílis vermelho violeta, ágar sangue azida, ágar Slantz e Bartley, ágar sulfito de bismuto, EMB, TCBS, ágar Brucella, ágar Sabouraud, ágar Baird Parker, TSI, Citrato, MRVP, indol, ureia, etc. As amostras de leite cru foram processadas no laboratório para os seguintes testes.

fig. 1. Explorações leiteiras de plaghar

Fig. 2. Tratamento dos animais e recolha de amostras de leite.

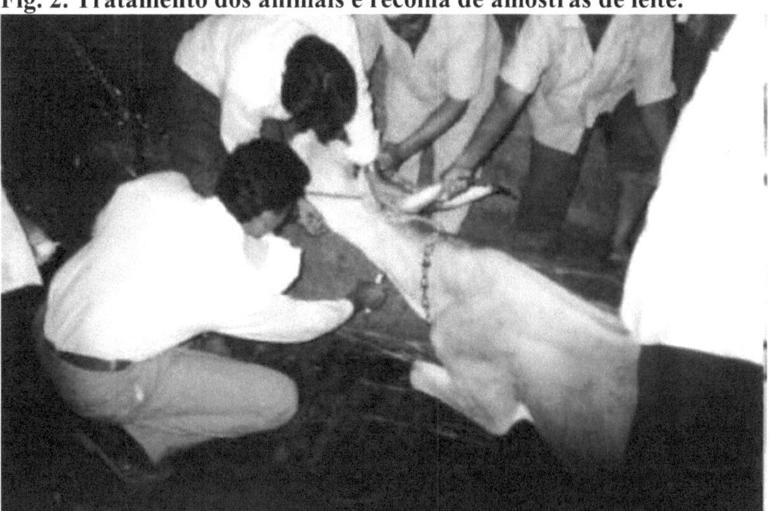

Frooti
Froo
Vadilal

(I) Contagem padrão em placas (SPC)

A amostra de 10 ml de leite cru foi transferida para um copo esterilizado, ao qual foram adicionados 90 ml de solução salina normal esterilizada (SSN). As amostras foram diluídas em série, pelo método de diluição seriada de 10 vezes, na solução salina normal até 107. As diluições de 10-6 e 10-7 foram utilizadas em quantidades de 0,1 ml para a SPC em ágar para contagem de placas (PCA). As placas de ágar foram inoculadas pelo método de pour plate em duplicado e incubadas a 37 C durante 24 horas. As contagens totais de bactérias viáveis (TVC) são apresentadas no Quadro - 1.

(II) Isolamento de organismos bacterianos e fúngicos patogénicos

As diluições de 10-4 de cada amostra de leite cru foram tomadas para sementeira em placas seguindo meios diferenciais simultaneamente durante o processamento das amostras.

(a) Ágar Baird Parker

(b) Ágar Slanetz e Bartley

(c) Ágar MacConkey

(d) Ágar Bílis Vermelho Violeta

(e) Ágar Salmonella Shigella

(f) Ágar TCBS

(g) Ágar Brucella

(h) Ágar Sabouraud (para isolamento de fungos)

0,1 ml das diluições 10-4 foram inoculadas pelo método da placa espalhada nas placas de meios acima referidas e foram incubadas a 37 °C / 44 °C durante 24 / 48 horas. As placas de ágar Sabouraud foram incubadas à temperatura ambiente e observadas até 7 dias. 1,0 ml da amostra de leite cru foi colocado em 10 ml de caldo de cistina selenito, que foi incubado a 37 C durante 18 horas. Em seguida, foi semeada em ágar de sulfito de bismuto e incubada a 37 C durante 24 horas para a deteção de Salmonella, sp. As colónias das placas de meios diferenciais foram transferidas para água peptonada estéril e foram identificadas pela coloração de Gram.

Para além destes testes, foram efectuados outros testes bioquímicos, tais como catalase, glicose, oxidação, fermentação, vermelho de metilo, Voges Prsoskaurer, nitrato, etc., para os Cocos Gram +Ve e vermelho de metilo, Voges Proskauer, água peptonada para o indol, ureia, citrato, ágar de ferro com açúcar triplo (TSI), etc., para os bastonetes Gram -ve. A preparação foi efectuada de acordo com Cowan e Steel (1970) e Diliello (1982).

<u>3.</u> RESULTADOS

MICRÓBIOS DO LEITE CRU

No total, foram recolhidas 63 amostras de leite cru de fábricas de lacticínios organizadas, fábricas de lacticínios não organizadas, vendedores e casas de Palghar. As mesmas foram processadas para determinação do TVC e de diferentes bactérias patogénicas. O TVC destas amostras é apresentado na Tabela - 1. Verificou-se que o TVC varia entre 3 x 10 7 e 80 x 10 7 / ml de amostras de leite. Das 63 amostras de leite cru processadas, obteve-se um número de isolados. A Tabela - 2 mostra os tipos de isolados isolados de cada amostra. Das 63 amostras de leite processadas, foi isolado um total de 289 isolados. O número e a percentagem de espécies são apresentados na Tabela - 3.

COCOS GRAM POSITIVOS

Das 63 amostras de leite processadas, 86 isolados eram de Cocos Gram positivos, o que constitui quase 30% do total de isolados.

(A) Espécies de Micrococcus

Das 63 amostras de leite analisadas, obteve-se um total de 289 isolados. Dos 289 isolados, 45 isolados eram de Micrococcus sp. e constituíam quase 16% do total de isolados. Dos 45 Micrococcus sp. isolados, 3 isolados eram de M.

QUADRO 1
CONTAGEM PADRÃO EM PLACA (SPC) DE DIFERENTES AMOSTRAS DE LEITE CRU

SAMPLE NO.	10 7 (cfu/ml)	SAMPLE NO.	10 7 (cfu/ml)
1	40	33	30
2	40	34	05
3	24	35	09
4	40	36	10
5	28	37	16
6	11	38	05
7	10	39	35
8	07	40	22
9	07	41	25
10	12	42	13
11	23	43	23
12	15	44	33
13	08	45	35
14	28	46	36
15	12	47	30
16	06	48	25
17	13	49	27
18	22	50	30
19	24	51	22
20	28	52	36
21	17	53	32
22	30	54	35
23	13	55	29
24	08	56	23
25	30	57	27
26	80	58	25
27	70	59	25
28	35	60	38
29	65	61	23
30	08	62	25
31	03	63	30
32	04		

QUADRO 2
ISOLADOS DE DIFERENTES AMOSTRAS DE LEITE CRU.

Sample No.	Isolates
1.	Micrococcus sp. (2) Proteus rettgeri, E.coli, Pseudomonas aeruginosa (2).
2.	Micrococcus sp. (3) Proteus rethgeri, E.coli Pseudomonas aeruginosa, Shigella sp.
3.	Micrococcus sp., M. luteus, Shigella sp.
4.	Micrococcus sp. (2) Pseudomonas aeruginosa (2) Proteus vulgaris, P. mirabilis.
5.	Micrococcus sp. Streptococcus faecalis, Pseudomonas aeruginosa, Sh. flexneri, Serratia sp.
6.	Micrococcus luteus, Staph. aureus, E coli, Shigella sp., Salmonella enteritidis (2)
7.	Micrococcus sp., Kleb. aerogenes.
8.	Micrococcus sp., Kleb. aerogenes.
9.	Staph. aureus, Micrococcus sp., Shigella sp, Kleb. aerogenes, Ent. aerogenes (2) Serratia sp.
10.	Staph. epidermidis, Micrococcus sp., Shigella sp., Pseudomonas aeruginosa.
11.	Micrococcus sp., Kleb. aerogenes (2) E. coli (3) Proteus rettgeri, Salmonella sp.
12.	E. Coli, Enterobacter aerogenes, Proteus rettgeri, P. mirabilis.
13.	E. coli, Salmonella enteritidis.
14.	Streptococcus pyogenes, streptococcus sp., E. coli Pseudomonas aeruginosa, Staph, aureus.
15.	Staph. aureus, Streptococcus faecalis, E. coli
16.	Streptococcus sp., Enterobacter aerogenes, Proteus rettgeri.
17.	E. coli
18.	Micrococcus sp., Streptococcus sp., E. Coli, Enterobacter

	aerogenes, Shigella sp.
19.	Micrococcus sp., M. luteus, Sh. flexneri, Kleb. aerogenes (3)
20.	Staph. aureus, Streptococcus faecalis, E. coli, Salmonella sp., Enterobacter aerogenes (2) Pseudomonas aeruginosa.
21.	Micrococcus sp., Salmonella sp., S. enteritidis, Sh. flexneri.
22.	Micrococcus luteus, E. coli, Enterobcter aerogenes.
23.	Micrococcus sp., Streptococcus faecalis, Shigella sp. (2)
24.	Micrococcus sp., Stretococcus faecalis, E. coli (2), Pseudomonas aeruginosa.
25.	Staphylococcus epidermidis, E. coli (2), Proteus vulgaris, Serratia. sp. (3) , Providencia sp.
26.	Staphylococcus epidermidis, E. coli, Proteus rettgeri, Serratia sp. (2), Salmonella sp.
27.	Staphylococcus epidermidis, Streptococcus pyogenses, P. rettgeri, E. coli, Serratia sp.
28.	Staph. aureus, Kleb. aerogenes, E. coli, Serratia sp., Salmonella sp.
29.	Micrococcus sp., Streptococcus faecalis, E. coli, Serratia sp., Salmonella sp.
30.	Micrococcus ps., Streptococcus faecalis, Sh. flexneri.
31.	Micrococcus sp., E. coli, Enterobacter aerogenes, Proteus vulgaris.
32.	Staphylococcus epidermidis, E. coli
33.	Micrococcus luteus, E. coli, Enterobacter aerogenes, Proteus vulgaris.
34.	Micrococcus luteus, E. coli, Enterobacter aerogenes, Proteus vulgaris.
35.	Micrococcus roseus, Ent. aerogenes (2), Providencia sp.
36.	Micrococcus sp., Streptococcuus faecalis, Ent. aerogenes, E. coli,

	Providencia sp.
37.	Micrococcus sp., Ent. aerogenes, E. coli, Providencia sp.
38.	Staph. epidermidis, Sh. flexneri, Ent. aerogenes (2)
39.	S. aureus, E. coli (3) Ent. arogenes (3).
40.	Micrococcus roseus, E. coli, Ent. aerogenes, Serratia sp.
41.	Micrococcus sp., Ent. aerogenes.
42.	Staph epidermidis, Ent aerogenes (2) E. coli, Proteus rettgeri, Sh. flexneria.
43.	Micrococcus sp. E. coli (2), Ent. aerogenes (2).
44.	Staph. epidermidis, Proteus rettgeri, Ent. aerogenes.
45.	Micrococcus roseus, E. coli (2) P. rettgeri, Ent. aerogenes (2).
46.	Micrococcus sp., E. coli, Proteus rettgeri, Sh. flexneri (2)
47.	Micrococcus luteus, E. coli, Kleb aerogenes, Pseudomonas aeroginosa, Ent., aerogenes.
48.	Micrococcus sp., E. coli, Proteus vulgaris, Sh. flexneri.
50.	Streptococcus faecalis, E. coli, Proteus vultgaris, Ent. aerogenes, Pseudomonas aeruginosa.
51.	Staph espidermidis, Ent. aerogenes, Serratia sp., Proteus rettgeri.
52.	Staph epidermidis, S. pyogenes, E. coli, Proteus vulgaris, Sh. flexneri.
53.	Micrococcus luteus, Streptococcus sp., E. coli, Proteus rettgeri, Serratia sp.
54.	Micrococcus sp., Strep. faccalis, E. coli, Pseudomonas aeruginosa, Salmonella sp.
55.	S. aureus, E. coli (2) S. enteritidis, Proteus vulgaris.
56.	Streptococcus sp., E. coli, Ent. aerogenes, Kleb aerogenes.
57.	Micrococcus sp., E. coli Ent. aerogenes, Sh. flexneri, Serratia sp.
58.	Micrococcus luteus, Streptococcus sp., Kleb. aerogenes, Serratia sp.

59.	Micrococcus sp., S. faecalis, Pseudomonas aeroginosa Ent. aerogenes.
60.	Micrococcus sp., E. coli (2) Ent. aerogenes, Sh. flexneri.
61.	Staph. epidermidis, E. coli, Kleb aerogenes, P. mirabilies, Serratia sp.
62.	S. aureus, E. coli, Pseudomonas aeruginosa, Ent. aerogenes, Sh. flexneri.
63.	Micrococcus sp., E. coli (2), Pseudomonas aeruginosa, S. typhosa, Ent. aerogenes.

TABELA 3

% DE MICRÓBIOS (ISOLADOS) DE 63 AMOSTRAS DE LEITE DE CARNEIRO

Sr. NO.	Name of Isolates	No. of Isolates	%
1	*Micrococcus sp.*	33	11.42
2	*M. roseus*	03	1.04
3	*M. luteus*	09	3.11
4	*Staphylococcus aureus*	10	3.46
5	*S. epidermidis*	11	3.80
6	*Streptococcus sp.*	06	2.08
7	*S. pyogenes*	03	1.04
8	*S. faecalis*	11	3.80
9	*E. coli*	55	19.03
10	*Proteus vulgaris*	08	2.77
11	*P. mirabilis*	04	1.38
12	*P. rettgeri*	13	4.50
13	*Providencia sp.*	04	1.38
14	*Shigella sp.*	08	2.77
15	*Sh. flexneri*	13	4.50
16	*Salmonella sp.*	07	2.42
17	*S. typhosa*	01	0.35
18	*S. enteritidis*	05	1.73
19	*Kleb. aerogenes*	14	4.84
20	*Enterobacter aerogenes*	39	13.49
21	*Pseudomonas aerogenes*	16	5.54
22	*Serratia sp.*	16	5.54
	G. T.	289	100

roseus (1,04%) e 9 deM. Luteus (3,11%) e os restantes 33 eram deMicrococcus sp.(11,42%).

(B) Espécies de Staphylococcus

Os Staphylococcus sp. constituíram mais de 7% do total de isolados, com um número de 21 isolados. Estes 21 isolados incluem 10 de S. aureus (3,46%) e 11 isolados de S. epidermidis (3,80%)

(C) Streptococcus sp.

Das 63 amostras de leite processadas, 20 isolados (quase 7%) eram de Streptococcus sp. Destes 20 isolados, 3 isolados (1,04%) eram de S. pyogenes, 11 isolados (3,80%) de S. feacalis e os restantes 6 isolados (2,08%) eram de Streptococcus sp.

BASTONETES GRAM-NEGATIVOS

Os bastonetes Gram negativos constituíram mais de 70% do total de 289 isolados das 63 amostras de leite cru. A ocorrência de E.coli foi a mais elevada entre os bastonetes Gram negativos, constituindo mais de 19% do total de isolados. A E. coli foi seguida por Enterobacter sp. com mais de 13% de ocorrência, Proteus sp. quase 9%, Shigella sp. mais de 7%, Pseudomonas sp. e Serratia sp. contribuíram com mais de 5% cada, Klebsiella sp. constituiu quase 5%, Salmonella sp. mais de 4% e Providencia sp. constituiu mais de 1% do total de 289 isolados isolados das amostras de leite cru.

(A) E. coli

Do total de 289 isolados, 55 isolados eram de E. coli, que é o número mais elevado para uma única espécie nas 63 amostras de leite cru e constituiu 19,03% do total de isolados.

(B) Enterobacter aerogenes

Enterobacter aerogenes ficou em segundo lugar entre os bastonetes Gram negativos, depois de E. coli, e o total de isolados foi de 39, o que constituiu 13,49% do total de 289 isolados das amostras de leite.

(B) Espécies de Proteus

Proteus sp. foi colocado em 3rd lugar nos bastonetes negativos e 25 isolados (8,65%) foram isolados no total. Dos 25 isolados das amostras de leite cru, 13 isolados (4,50%) eram de P. rettgeri, 8 isolados (2,77%) eram de P. vulgaris e os restantes 4 isolados (1,38%) eram de P. mirabilis.

(D) Espécies de Shigella

Foi possível isolar 21 isolados (7,27%) de Shigella sp. das 63 amostras de leite cru processadas. Dos 21 isolados, 13 isolados (4,50%) eram de Sh. Flexneri e os restantes 8 isolados (2,77%) eram de Shigella sp.

(E) Pseudomonas aeruginosa

Do total de 289 isolados, 16 isolados eram de Pseudomoas aeruginosa e constituíam 5,54% do total de isolados.

(F) Espécies de Serratia

Serratia sp. constituiu 5,54% do total de isolados das 63 amostras de leite cru, totalizando 16 isolados.

(G) Klebsiella aerogenes

Foram isolados 14 isolados de Klebsiella aerogenes das amostras de leite cru, o que constituiu 4,84% do total de isolados.

(H) Espécies de Salmonella

Do total de 289 isolados de amostras de leite, 13 isolados (4,50%) eram de Salmonella sp. Dos 13 isolados, 5 isolados (1,73%) eram de S. enteritidis, um isolado (0,35%) de S. typhosa e os restantes 7 isolados (2,42%) eram de Salmonella sp.

(I) Espécies de Providencia

Foi possível isolar 4 isolados de Providencia sp. a partir de 63 amostras de leite cru, o que constituiu 1,38% do total de isolados isolados durante o processamento das amostras.

ISOLAMENTO DE FUNGOS

Para além dos agentes patogénicos bacterianos acima referidos, em algumas amostras puderam ser isolados diferentes tipos de fungos. As espécies mais comuns que puderam ser identificadas foram Aspergillus sp., A. fumigates, A. flavors, A. carbolarious, Fusarium sp. e Rhizopus sp.

<u>4.</u> DISCUSSÃO

As fontes comuns da maioria dos micróbios encontrados durante o presente estudo são a água, o solo, as partículas de poeira e a flora intestinal dos animais. Estas fontes poluem o abastecimento de água utilizada na lavagem dos equipamentos, na limpeza das mãos e na preparação do leite. Uma vez introduzidos, estes organismos contaminam e sobrevivem nos equipamentos, utensílios, mãos e panos do pessoal, nas matérias-primas armazenadas, nas câmaras frigoríficas e no ambiente em geral.

COCOS GRAM POSITIVOS

(A) Espécies de Micrococcus:

Micrococcus sp. constituiu quase 16% do total de isolados durante o processamento de amostras de leite cru. Foi encontrado em 66,66% das amostras analisadas. M. rosseus, M. luteus e Micrococcus sp. foram encontrados em 4,76%, 14,28% e 47,61% das amostras de leite, respetivamente. Isto mostra que estas espécies podem sobreviver em ambientes adversos, embora sejam conhecidas por sobreviverem em ambientes frios.

(B) Espécies de Staphylococcus:

A presença de S. aureus nos alimentos pode levar a intoxicação alimentar. No presente estudo, as espécies de Staphylococcus constituíram mais de 7% do total de isolados e foram encontradas em 33,33% das amostras de leite cru analisadas. Destas, S. sureus foi encontrado em 15,87% das amostras, enquanto S. epidermidis foi encontrado em 17,46% das amostras de leite. Isto mostra que S. aureus e S. epidermidis podem sobreviver muito bem no ambiente imediato.

(C) Espécies de Streptococcus :

Stresptococcus sp. constituiu quase 7% do total de isolados isolados das amostras de leite cru. Foi encontrado em 31,44% das amostras analisadas. S. Pyogenes, um agente causador de dor de garganta, escarlatina, meningite, etc., foi encontrado em 4,76% das amostras, S feacalis, que causa infeção urinária, infeção de feridas e úlceras e septicemia, em 17,46% e espécies de Streptococcus em 9,52% das amostras.

Este estudo confirma as conclusões de Raham (1974) Davis (1977), Karim e Kachani (1978), Coman et. Al (1979), Mladenov et. Al (1984), e Singh (1994) que observaram a elevada incidência de Cocos Gram positivos nas amostras de leite recolhidas de diferentes fontes nos seus respectivos países.

BASTONETES GRAM-NEGATIVOS

Os bastonetes Gram-negativos superaram em número os Cocos Gram-positivos e constituíram mais de 70% do total de isolados. Os diferentes tipos de organismos isolados das diferentes amostras são apresentados no quadro 2. Estas observações estão de acordo com as conclusões de Mishra et al (1978), que estudaram as amostras de leite cru de Patna e observaram a elevada incidência de coliformes, e de Venugopalan (1988) e Ghodekar (1994), que sublinharam a necessidade de melhorar as práticas de higiene na exploração.

(A) E. coli

A E. coli é um agente causador de infeção urinária, infeção de feridas e gastroenterite que encabeça a lista de bastonetes Gram negativos. Representa 19,03% do total de isolados isolados. A E. coli pôde ser isolada de 68,25% das amostras processadas e foi o número mais elevado para uma espécie individual em consideração. Yadav et.al (1989 e 1987) e Kumar et al (1978) também isolaram micróbios enteropatogénicos para o homem a partir de amostras de leite cru. Parece que a E. coli é a espécie mais comum que entra no leite cru a partir de diferentes fontes e necessita de condições higiénicas de elevada ordem em todas as etapas da preparação do leite.

(B) Enterobacter aerogenes

É também a espécie mais comum isolada das amostras de leite cru. Constituiu 13,49% do total de isolados e foi encontrada em 47,61% das amostras processadas. Enterobacter sp. são bastante resistentes aos valores de pH e, por conseguinte, podem representar um perigo para a saúde pública.

(C) Espécies de Proteus

Proteus sp. é o agente causador de infeção urinária, infecções de feridas e do tórax e meningite e constituiu 8,65% do total de isolados. Encontrou-se em 39,68% do total de amostras analisadas. Uma vez que a incidência de Proteus sp. é bastante elevada e pode causar diferentes doenças no público, as boas condições de higiene são a solução para reduzir as incidências.

(D) Espécies de Shigella

7,27% dos isolados eram de Shigella sp. e foram encontrados em 31,44% das amostras analisadas. Uma vez que é o agente causador da disenteria bacilar, devem ser mantidas condições higiénicas de alto nível durante a preparação do leite.

(E) Pseudomonas aeruginosa

Constituiu 5,54% do total de isolados isolados das amostras de leite cru e foi encontrada em 22,22% das amostras. A P. aeruginosa pode causar septicemia, infecções urinárias, respiratórias e vaginais, necessitando de melhores condições de higiene.

(F) Espécies de Serratia

Constituiu também 5,54% do total de isolados isolados e foi encontrado em 20,63% das amostras de leite processadas. É resistente a diferentes valores de pH e pode sobreviver em diferentes preparações de leite, exigindo um elevado padrão de condições higiénicas.

(G) Klebsiella aerogenes

Pode causar diferentes doenças na saúde pública, como infecções urinárias, respiratórias e de feridas, necessitando de boas condições de higiene na exploração. Constituiu 4,84% do total de isolados e foi encontrada em 17,46% das amostras processadas.

(H) Espécies de Salmonella

É o agente causador da salmonelose, constituiu 4,50% do total de isolados e foi encontrado em 19,04% das amostras analisadas. Uma vez que se trata do bacilo enteropatogénico mais importante, justifica a aplicação das normas de higiene mais rigorosas a todos os níveis da preparação do leite.

(I) Espécies de Providencia

Constituiu 1,38% do total de isolados e foi encontrado em 6,34% das amostras analisadas. Pode causar diferentes doenças no público, sendo necessário manter boas condições de higiene.

ISOLADOS DE FUNGOS

No presente estudo, foram isoladas diferentes espécies - Asoregillus. Fusarium e Rhizopus que podem estragar o leite e causar diferentes problemas de saúde, como perturbações respiratórias, digestivas ou do sistema nervoso. É necessário melhorar as condições durante a preparação do leite em diferentes fases. Uma vez que as instalações de isolamento e identificação de fungos são escassas neste centro, é necessário mais trabalho.

CONTAGEM TOTAL DE VIÁVEIS

No presente estudo, o TVC varia entre 3×10^7 e 90×10^7 por ml. De acordo com a American Association of Medical milk Commissions, Inc, o leite cru certificado não deve conter mais de 10.000 bactérias / ml. Isto mostra que a carga bacteriana está para além dos limites aceitáveis.

No presente estudo, a elevada incidência de bastonetes Gram-negativos e de Cocos Gram-positivos, bem como a ocorrência de diferentes fungos, pode ser atribuída principalmente a dois factores.

(A) CONDIÇÕES NÃO HIGIÉNICAS.

(1)   As condições de higiene nas explorações não são mantidas corretamente em

nenhum nível de preparação.

(2)   Os animais estão sujos porque não são lavados corretamente.

(3)   O espaço para os animais está muito congestionado e sujo porque o

estrume está a ser

Deitados na proximidade imediata dos rebanhos/animais. Não só está a causar riscos para a saúde, como também a crueldade contra os animais de ordenha

(vaca / búfalo)

(4)   Os equipamentos de ordenha não estão à altura das necessidades.

(5)   O pessoal utilizado no processo de ordenha não está a cuidar devidamente das condições de higiene.

(6) Em cada uma das etapas, ocorrem diferentes tipos de adulteração, tais como água, leite de diferentes marcas, produtos químicos e pós de marcas desconhecidas. Na verdade, estes são os segredos destas pessoas, uma vez que a adulteração de produtos químicos e pós torna o leite viscoso e, após a fervura, ocorre a formação de uma nata espessa, o que é suficiente para confundir/enganar os consumidores inocentes. Em troca, o proprietário pode obter um preço elevado pelo leite.

(7) As instalações veterinárias são escassas - geralmente os animais são curados naturalmente.

(8)   Normalmente, não existem instalações para armazenar leite no congelador, exceto nos países ricos.

(9)   As autoridades competentes quase não efectuam controlos regulares.

(10) Parece que não existem administrações para fazer cumprir as condições de higiene.

(B) CONDIÇÃO SOCIOECONÓMICA

(1) Existem dois tipos de comunidades envolvidas nesta atividade: uma comunidade comercial que dispõe de instalações avançadas para armazenar, conservar e retirar as natas do leite, obtendo o máximo proveito de todos os produtos. A outra é a comunidade agrícola que não pode dispor de instalações como a comunidade acima referida e que ganha a vida quotidiana, mas infelizmente a adulteração está a ocorrer em ambos os níveis.

(2)   No caso da comunidade comercial, estão a manter-se no mercado e a cobrar taxas elevadas. Em alguns casos, estão a manter as suas

Os produtores de leite têm os seus próprios rebanhos e explorações leiteiras. Alguns actuam como financiadores dos pobres e têm contacto com o leite a uma taxa fixa específica. Não permitem que o leite seja vendido a terceiros. Noutros casos, compram leite cru a clientes locais específicos e também a aldeias distantes a preços baixos. Para além disso, alguns compram leite de vaca à fábrica de lacticínios do Governo. Neste caso, é importante referir que se trata de leite puro e que o preço é baixo. Isto deve-se à política governamental de dar benefícios/emprego aos habitantes das aldeias vizinhas e também ao facto de os menos privilegiados poderem obter uma boa nutrição do leite a baixo preço. Mas o cenário é completamente diferente. Uma vez que a fábrica de lacticínios do Governo existe nos arredores de Palghar, as pessoas pobres de lugares distantes não vão comprar meio litro ou um litro de leite e isso também numa altura específica, quando essas pessoas já estão a trabalhar noutro lugar para a sua subsistência. Dado que não existe um sistema adequado de distribuição de leite dos diários do Governo, que possa ajudar os mais pobres desta zona, o pessoal dos lacticínios comerciais está a tirar partido disso. Estes compram o leite a granel a uma taxa nominal comum e, depois de o terem utilizado e reagido, vendem-no aos consumidores a um preço muito elevado nas suas centrais leiteiras organizadas.

(3)   A comunidade agrícola também não fica atrás na ação e na reação ao leite. A razão é que, se querem vender o leite às fábricas de lacticínios organizadas, têm

de vender leite puro a baixo preço. Se o fizerem, não podem manter a vaca/búfalo, que é uma entidade dispendiosa, e a comida/alimentação que é necessária diariamente também é cara. Para além disso, o pessoal que trabalha em diários organizados só paga ao fim de cerca de um mês. Para ultrapassar estes problemas, estes vendedores misturam uma boa quantidade de água e vendem leite porta a porta a um preço barato, atraindo assim os consumidores normais em geral e os desfavorecidos em particular.

Em última análise, os consumidores, basicamente as crianças, os doentes e os idosos, são os que mais sofrem com a luta das comunidades acima referidas.

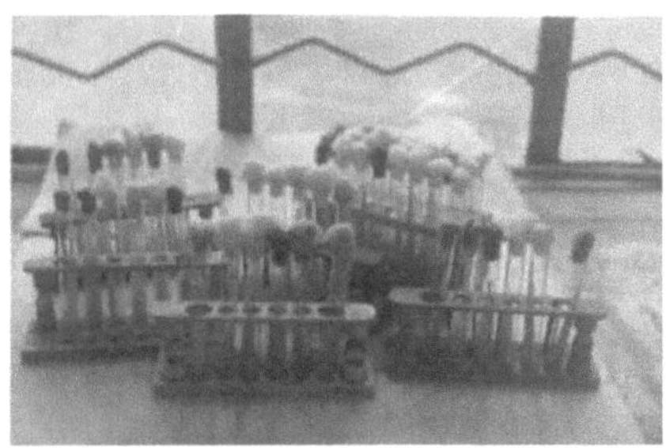
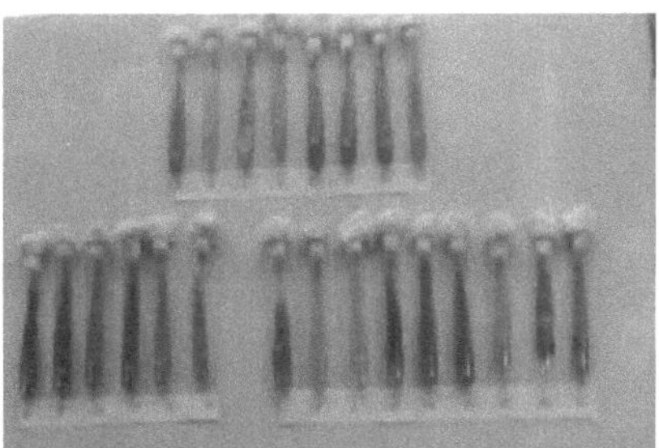

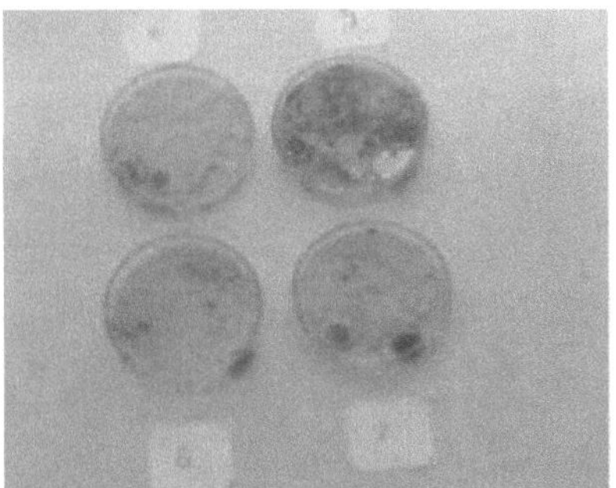

5. RESUMO DAS CONCLUSÕES

No presente estudo de "vigilância microbiológica do leite cru vendido na cidade de Palghar", foi recolhido um total de 63 amostras de leite cru de fábricas de lacticínios organizadas, fábricas de lacticínios não organizadas, vendedores e casas deste local. Foi possível isolar um total de 289 isolados. Este pequeno projeto é o primeiro deste tipo nesta área, tendo sido feitas as seguintes observações.

TOTAL VIÁVEL COUT (TVC)

O valor variava entre 3 x 107 e 90 x 107 / ml e ultrapassava os limites aceitáveis prescritos pela American Association of Medical Milk Commission, Inc, para leite cru certificado.

COCOS GRAM POSITIVOS

Os cocos Gram positivos constituíram quase 30% do total de isolados. Além disso, Micrococcus sp. foi encontrado em quase 67% das amostras analisadas, Staphylococcus sp. em 33% e Streptococcus sp. em 31% das amostras.

BASTONETES GRAM-NEGATIVOS

Foi observada uma elevada incidência de bastonetes Gram negativos nas amostras de leite cru processadas. Os bastonetes Gram negativos constituíram mais de 70% do total de isolados isolados. A E. coli constituiu 19% do total de isolados e foi encontrada em 68,25% das amostras. Este é o número mais elevado para uma espécie individual no presente estudo. A E. coli foi seguida, em ordem decrescente, por Enterobacter aerogenes, que constituiu 13,49% do total de isolados, Proteus sp. 8,65% Shigella sp. 7,27% Pseudomonas sp. e Serratia sp. constituíram 5,54% cada, Klebsiella sp. 4,84% Salmonella sp. 4,50% e Providencia sp. constituiu 1,38% do total de isolados. Das 63 amostras de leite cru processado, E. coli foi encontrada em 68,25% das amostras, seguida de Enterobacter aerogenes em 47,61%, Proteus sp. em 39,68%, Shigella sp. em 31,44%, Pseudomonas aeruginosa em 22,22%, Serratia sp. em 20,63%, Salmonella sp. em 19,04%, Klebsiella aerogenes em 17,6% e Providencia sp. em

6,34% das amostras.

ISOLADOS DE FUNGOS

Devido às dificuldades de identificação, só foi possível identificar espécies comuns. Estas incluem diferentes espécies de Aspergillus, Fusarium e Rhizopus.

Todos os micróbios isolados das amostras de leite cru são de natureza patogénica, podendo causar uma grande variedade de doenças no público, tais como intoxicação alimentar, infeção urinária, meningite, disenteria bacilar, infeção respiratória, dor de garganta, gastroenterite, infeção torácica, etc., o que é indicativo de más condições de higiene a diferentes níveis de preparação do leite cru.

A elevada incidência de bastonetes Gram-negativos e de Cocos Gram-positivos pode ser atribuída basicamente a dois factores (A) condições anti-higiénicas prevalecentes nas explorações, equipamento, pessoal e despejo de estrume. Para além disso, são necessárias instalações veterinárias regulares, amostragem e controlo da administração. (B) Condições socioeconómicas dos que têm e dos que não têm. o da qualidade do leite cru, em nome da sua ganância e à custa de consumidores inocentes. Para além disso, a distribuição inadequada do leite do Governo não está a servir o objetivo a que se destina e devem ser tomadas medidas urgentes para melhorar o sistema de distribuição.

<u>6.</u> RECOMENDAÇÕES

Palghar Taluka está a crescer rapidamente devido à sua posição estratégica. Nas proximidades, estão a florescer diferentes tipos de indústrias, que atraem diferentes tipos de pessoas de diferentes partes do país para trabalhar. Por este motivo, a população de Palghar Taluka registou um enorme aumento, tal como demonstrado pelo recenseamento de 1991. Uma vez que a população está a aumentar nesta faixa, haverá um aumento da procura de leite e produtos lácteos, carne e produtos à base de carne. Para satisfazer a procura, estão a crescer nesta área várias pequenas e grandes explorações leiteiras. Assim, com base no presente estudo, posso recomendar o seguinte:

(1) Deveria existir um centro de recolha de leite cooperativo centralizado.

(2) O leite deve ser tratado / pasteurizado e embalado. Isto ajudará a manter a qualidade e também a uniformidade das taxas.

(3) O leite só deve ser distribuído através dos vendedores autorizados do centro de recolha de leite cooperativo com cabinas de leite em diferentes localidades. Aconselha-se a deslocação de carrinhas de transporte de leite com os meios de refrigeração desejados.

(4) A estratégia de distribuição comercial do leite pode ser progressivamente suprimida em conformidade.

(5) Devem ser mantidas condições higiénicas a todos os níveis, como a limpeza dos animais de ordenha, dos contentores de leite, do armazenamento, das instalações, do ambiente interior e exterior dos centros de leite, do pessoal, etc., para evitar a contaminação microbiana. Para o efeito, o tratamento bactericida e com água a ferver é a melhor opção.

(6) É aconselhável dispor de uma carrinha de leite isolada para a recolha do leite

nos locais distantes, a fim de evitar o aumento da temperatura devido ao atraso no transporte para o centro de recolha.

(7) O leite deve ser submetido a testes microbianos regulares em todas as fases de preparação, desde as explorações agrícolas até chegar aos lábios dos consumidores

(8) É importante manter uma coordenação saudável e construtiva entre o centro cooperativo de recolha de leite e a administração de alimentos e medicamentos, a fim de aplicar as recomendações periódicas dos peritos para melhorar as condições de vida do público em geral e dos mais desfavorecidos em particular.

(9) Os agricultores, os vendedores, os distribuidores e os consumidores devem ser sensibilizados para as implicações/impacto das adulterações. O pessoal envolvido nesta profissão e que mantém as condições de higiene durante todo o processo deve ser premiado com certificados, troféus, emprego e ajuda financeira para manter os rebanhos nas explorações ou qualquer outra ajuda. Trata-se de uma medida extremamente importante, tendo em conta o facto de o leite sintético estar a ser produzido em diferentes partes do país.

(10) Uma vez que o Governo da Índia está a avançar para a liberalização e que não existirão barreiras comerciais, é extremamente importante manter não só a quantidade mas também a qualidade a preços nominais. Gostaria de concluir com um velho ditado: **"A caridade começa em casa e a qualidade começa nas quintas"**.

REFERÊNCIA

Bhatia, C. R 1994. Discurso inaugural durante a XV Conferência IAVMI e Simpósio Nacional sobre Animais Saudáveis - Alimentos Seguros - Homem Saudável, organizado de 27 a 29 de dezembro de 1994 no Bombay Veterinary College, Parel, Bombay - 12.

Coman, I., Bazgan O., Sturza, M., e Ambrosa, I. 1979. Algumas fontes de contaminação microbiana do leite de vaca. Cercetai Agronomic Moldova 1 (1) : 119-22.

Cowan, S. T. e Steel, K. J. 1970 Manual for the identification of Medical Bacteria. The Cambridge University Press, Londres, Reino Unido.

D'Aousta, J. Y. 1989, Contemporary concerns on microbial safety of milk and milk products. Modem Microbiol. Methods ofDairy Products. 15 - 45.

Das, R. e Nag, N. C. 1986. Examination of market milk collected from Calcutta and neighboring places with special reference to isolates of Salmonellae. Ind. J. Ani. Health 25 (2): 145 - 149.

Davies, D. G. 1977. The bacteriology quality of bulk and chum collected milk supplies in Wales.

Abastecimento de leite recolhido no País de Gales. J. Society Diary Technol 30 (1): 52-59.

Diliello, L. R. (1982) Methods in food and dairy microbiology, The AVI Publishing Company, INC. Westport, Connecticut, EUA.

Garg, D. N., Bhargava, D. N e Narayan, K. G. 1977. Pathogenic bacterial flora of raw market milk. Ind. J. Diary Sci. 30 : 36-39.

Ghodekar, D. R. (1994) Microbilogical quality assurance of milk and milk product. Resumo. XV Conferência IAVMI e Simpósio Nacional sobre Animais

Saudáveis - Sade - Alimentação Homem Saudável, organizado de 27 a 29 de dezembro de 1994 no Bombay Veterinary College, Parel, Bombay - 12.

Hassan G. A. and Badran, A. E. 1986 Quality of buffaloes, milk obtained by hand and machine milking. Alexandria J. Agricul Res. 31 (1).

Karim, G. e Kachani G. 1978. Flora bacteriana do leite cru em Teerão. dait58 : 179-184.

Kumar, S. Sinha, B. K. e Sahai, B. N. 1978. Qualidade bacteriana do leite cru de búfala comercializado em Patna e arredores e sua melhoria na saúde pública.

Ind. J. Diary Sci. 31 (2): 156 - 159.

Lavania, G. S. 1969. Qualidade do leite fornecido à cidade de Baraut (Meerut) U.P. Ind. J.Dairy Sci. 22 :181-186.

Mladenov. M. Aleksieva, V. Todorov, P. e Bachiska, M. 1984. Estudo de alguns StreptoCocci e StephyloCocci no leite de vaca. Veterinamomeditsinki Nauki 21 (2): 91-95

Michael, J. Pelezar, Jr. E.C.S. Chen e Noel R. K. 1986. Microbiologia. Livro publicado por McGrow Hill International Edition, McGrow hill book Co. Singapura.

Mishra, A. K. e kuila R. K. 1989. Bacteriological quality of market milk. I. Dairyaman XLI (9): 487-491.

Mishra S. K. Sahai, B. N. e Sahai, M. N. 1978. Incidência de coliformes em amostras de leite cru. Ind. J. Diary Sci 31 (4) 373-380.

Nakea, T. Kataoka, K. e Yoneya, T. 1976. Distribuição de fungos no leite e no ambiente de ordenha. Japanese J. Zootechnical Sci. 49 : 402-410.

Nikitín, Ya. A. e Popov, A. V. 1968. Melhoria da qualidade higiénica do leite. Veterinária 8 : 94-96.

Palanniswami, K. S. e Venugopalan, A. T. 1988. Estudos sobre coliformes do leite de fazenda e seu ambiente. Ind. J. Dairy Sci. 41 (2): 149-153.

Pandey, J. N. e Mandal, L. N. 1980. Studies on the bacterial flora of raw milk of milk supply scheme, Patna, in relation to public health. Ind. Vet. J. 57 (2) : 147-151.

Pandey, J. N. e Sharma, T. S. 1979. Studies, on bacterial contact of pasteurized milk of milk supply scheme, Patna, in relation to public health. Indian J. Microbial 19(4): 236-379.

Rahman M. M. 1974. Bacterial density of market milk Bangladesh. J. Biological Sciences 3 (1): 10-14.

Rao D. V. e Rao, K.R.G. 1983. Incidência de Klebsiella nos alimentos e na água. J. Fd. Sci. Technol. 20 : 265-268.

Rajmany, I. Garg, S. K. e Yadav, R. K. 1989. Incidence of StaphyloCocci in milk and milk products.

J. ofDiarySci. 42: 136-138.

Singh D. K. 1994. Análise de risco na produção e distribuição de leite. Trabalho apresentado durante a XV Conferência IAVMI e Simpósio Nacional sobre Animais Saudáveis - Alimentos Seguros - Homem Saudável, organizado de 27 a 29 de dezembro de 1994 no Bombay Veterinary College, Parel Bombay - 12.

Singh, R. B. 1994. Estudo dos micróbios do leite em Palghar Taluka de Maharashtra. Resumo publicado e trabalho apresentado durante a XV Conferência IAVMI e Simpósio Nacional sobre Animais Saudáveis - Alimentos Seguros - Homem Saudável, organizado de 27 a 29 de dezembro de 1994, no Bombay Veterinary College Parel Bombay -12.

Thekdi R. J. e Lakhani, A. G. 1973. Qualidade bacteriológica do leite comercializado em Poona.

J. Fd. Sci. Technol 10 : 45-47.

Yadav R. Chaudhary, S. P. e Narayan, K. G. 1985. Bacterial flora of market milk and its public health importance. Ind. J. Diary Sci. 38 (3) :235 - 236.

Yadav, R. , Chaudhary, S. P. e Narayan, K. G. 1987. Serotipos de E. coli no leite comercializado. Ind. J. ofDairy Sci. 40 (4) : 466 - 467.

ÍNDICE :

Printed by Books on Demand GmbH, Norderstedt / Germany